[家ㄐㄧㄚ庭ㄊㄧㄥ]

相ㄒㄧㄤ似ㄙˋ詞ㄘˊ：家ㄐㄧㄚ族ㄗㄨˊ、群ㄑㄩㄣˊ、同ㄊㄨㄥˊ窩ㄨㄛ、親ㄑㄧㄣ屬ㄕㄨˇ、種ㄓㄨㄥˇ類ㄌㄟˋ……

獻給我們獨一無二的家庭 ——
親屬與種類上的家庭

文／露西·雷諾斯　圖／珍娜·赫曼　譯／楊弘韻

執行編輯／倪瑞廷　美術編輯／蘇怡方

董事長／趙政岷　第五編輯部總監／梁芳春

出版者／時報文化出版企業股份有限公司

108019台北市和平西路三段240號七樓

發行專線／（02）2306-6842

讀者服務專線／0800-231-705、（02）2304-7103

讀者服務傳真／（02）2304-6858

郵撥／1934-4724時報文化出版公司

信箱／10899臺北華江橋郵局第99信箱

統一編號／01405937

copyright © 2023 by China Times Publishing Company

時報悅讀網／www.readingtimes.com.tw

法律顧問／理律法律事務所　陳長文律師、李念祖律師

Printed in Taiwan

初版一刷／2023年01月06日

版權所有 翻印必究（若有破損，請寄回更換）

採環保大豆油墨印製

我們都是一家人

We Are Family

大自然裡的獨特家庭

文 露西・雷諾斯　圖 珍娜・赫曼　譯 楊弘韻

你的家庭可能很大，

兔子

兔子的懷孕期只要大約五週，生產之後立刻可以再次受孕。兔子媽媽會與不同的對象交配，一年可以生產四胎或五胎，每胎六到七隻寶寶，所以兔子家庭每年都會增加很多兄弟姊妹呢！

Zzzzzzzzzzzzzz

藍ㄌㄢˊ鯨ㄐㄧㄥ

藍ㄌㄢˊ鯨ㄐㄧㄥ通常是獨ㄉㄨˊ居ㄐㄩ動ㄉㄨㄥˋ物ㄨˋ。 鯨ㄐㄧㄥ魚ㄩˊ媽ㄇㄚ媽ㄇㄚ會ㄏㄨㄟˋ懷ㄏㄨㄞˊ孕ㄩㄣˋ將ㄐㄧㄤ近ㄐㄧㄣˋ一ㄧˋ年ㄋㄧㄢˊ， 每ㄇㄟˇ次ㄘˋ只ㄓˇ會ㄏㄨㄟˋ產ㄔㄢˇ下ㄒㄧㄚˋ一ㄧˋ隻ㄓ鯨ㄐㄧㄥ魚ㄩˊ寶ㄅㄠˇ寶ㄅㄠˇ。 牠ㄊㄚ會ㄏㄨㄟˋ專ㄓㄨㄢ心ㄒㄧㄣ的ㄉㄜ養ㄧㄤˇ育ㄩˋ和ㄏㄜˊ照ㄓㄠˋ顧ㄍㄨˋ這ㄓㄜˋ隻ㄓ鯨ㄐㄧㄥ魚ㄩˊ寶ㄅㄠˇ寶ㄅㄠˇ兩ㄌㄧㄤˇ到ㄉㄠˋ三ㄙㄢ年ㄋㄧㄢˊ， 直ㄓˊ到ㄉㄠˋ牠ㄊㄚ下ㄒㄧㄚˋ一ㄧˋ隻ㄓ鯨ㄐㄧㄥ魚ㄩˊ寶ㄅㄠˇ寶ㄅㄠˇ出ㄔㄨ生ㄕㄥ。

可ㄎㄜˇ能ㄋㄥˊ很ㄏㄣˇ小ㄒㄧㄠˇ，

都是小不點，或是……

嘿！走錯方向囉！

螞蟻

螞蟻生活在大聚落裡面，就像是一個家族一樣，螞蟻們有著清楚的社會架構，不同類型的螞蟻負責不同的分工。 雌性的蟻后負責與雄蟻交配，使牠的卵受精並創造下一代；而兵蟻負責保護聚落和收集食物。

都超級高大。

好吃

好吃

好吃

長頸鹿

剛出生的長頸鹿和人類一樣，長頸鹿媽媽會站著生產，長頸鹿寶寶會先伸出兩隻前肢，從大約兩公尺高的地方落地。這種方式不會讓牠受傷，反而能幫助破開胎膜、脫離臍帶，讓寶寶從充滿羊水的囊袋中孕育離開。

扶ㄈㄨˊ養ㄧㄤˇ你ㄋㄧˇ長ㄓㄤˇ大ㄉㄚˋ的ㄉㄜ
可ㄎㄜˇ能ㄋㄥˊ是ㄕˋ一ㄧˊ個ㄍㄜˋ爸ㄅㄚˋ爸ㄅㄚ，

或ㄏㄨㄛˋ是ㄕˋ媽ㄇㄚ媽ㄇㄚ，

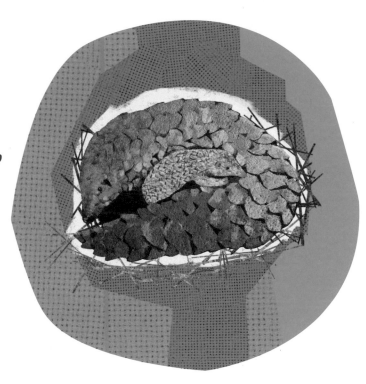

或ㄏㄨㄛˋ者ㄓㄜˇ有ㄧㄡˇ其ㄑㄧˊ他ㄊㄚ人ㄖㄣˊ幫ㄅㄤ忙ㄇㄤˊ，
以ㄧˇ及ㄐㄧˊ……

大家一起照顧！

加拉巴哥海獅

在一隻雄加拉巴哥海獅的領地中，牠的許多「老婆們」會一起在海灘上生下小海獅。海獅媽媽們會共同分享育嬰區，當牠們外出捕魚的時候就讓小海獅們留在一起嬉戲。此時小海獅們則由一群海獅媽媽照顧，彼此幫助安全的撫養下一代。

穿山甲

穿山甲有時被稱為「有鱗的食蟻獸」，牠們是獨居的哺乳動物，只有交配的時候才會聚在一起。雖然有些雄穿山甲可能會在雌性的洞穴中短暫停留，但撫養寶寶的工作只由媽媽負責。牠們細心的在巢穴中照顧寶寶，在睡覺或發生危險時會捲起身體保護寶寶。但由於盜獵和棲息地遭破壞，穿山甲現在是極度瀕危的物種。

大象

成為媽媽的大象會在象群中得到其他母象與牠們外婆的支持，牠們會一起幫忙照顧和保護小象。這種分擔照護的形式被稱為「異親教養」。小象每天要從媽媽那裡喝大約十公升的母奶，而且媽媽必須隨時注意牠們的安全，這對於任何媽媽來說都很辛苦，所以獲得其他大象的支持很重要。

美洲鴕鳥

美洲鴕鳥是一種不會飛的大型鳥類，是由爸爸孵蛋並獨自撫養小鴕鳥，牠會在自己的窩裡孵蛋大約四十天，接著照顧小鳥們長達六個月，並讓小鳥們安全的躲在牠的翅膀下。

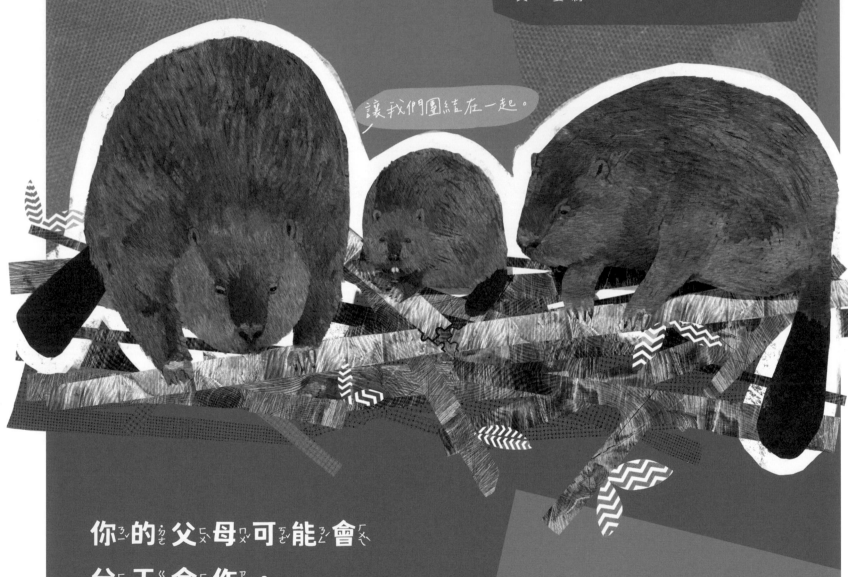

讓我們團結在一起。

你˙的˙父˙母˙可˙能˙會˙
分˙工˙合˙作˙，

或是輪流照顧你。

皇帝企鵝

企鵝媽媽生下一顆蛋之後，就交給企鵝爸爸孵化，時間可長達七十五天，此時企鵝媽媽會回到大海去捕魚。每一次去捕魚就會離開好幾個星期，當企鵝媽媽回來之後，牠們會彼此交換到海裡捕魚與在岸上照顧寶寶的工作。

你ㄋㄧˇ可ㄎㄜˇ能ㄋㄥˊ會ㄏㄨㄟˋ

毫ㄏㄠˊ無ㄨˊ顧ㄍㄨˋ慮ㄌㄩˋ的ㄉㄜ

獨ㄉㄨˊ自ㄗˋ前ㄑㄧㄢˊ進ㄐㄧㄣˋ。

海龜

海龜媽媽將蛋產在沙窩後就返回大海。 大約兩個月後海龜蛋孵化，小海龜們跟隨著明亮的月光往海洋前進， 獨自開始牠們的冒險。

也許你的爸爸
愛著你的爹地，

你的媽媽
愛你的媽咪。

吃飯囉！

黑天鵝

有四分之一的雄黑天鵝會與其他雄黑天鵝配成一對，與雌黑天鵝交配只是為了使卵受精。一旦產卵後，雌黑天鵝就會離開，兩隻黑天鵝爸爸會一起將蛋孵化並撫養寶寶。

黑背信天翁

超過三分之一的雌黑背信天翁會與另一隻雌性配對，牠們會建立長期且專屬的夥伴關係並分擔照顧的責任，這時候信天翁寶寶由兩個媽媽撫養長大。

長ㄔㄤˊ腳ㄐㄧㄠˇ雉ㄓˋ鴴ㄏㄢˊ

雌ㄘ雉ㄓˋ鴴ㄏㄢˊ會ㄏㄨㄟˋ有ㄧㄡˇ許ㄒㄩˇ多ㄉㄨㄛ不ㄅㄨˋ同ㄊㄨㄥˊ的ㄉㄜ˙伴ㄅㄢˋ侶ㄌㄩˇ，最ㄗㄨㄟˋ多ㄉㄨㄛ可ㄎㄜˇ以ㄧˇ同ㄊㄨㄥˊ時ㄕˊ與ㄩˇ六ㄌㄧㄡˋ個ㄍㄜˋ雄ㄒㄩㄥˊ性ㄒㄧㄥˋ雉ㄓˋ鴴ㄏㄢˊ配ㄆㄟˋ對ㄉㄨㄟˋ，這ㄓㄜˋ是ㄕˋ為ㄨㄟˋ了ㄌㄜ˙降ㄐㄧㄤˋ低ㄉㄧ蛋ㄉㄢˋ被ㄅㄟˋ掠ㄌㄩㄝˋ食ㄕˊ者ㄓㄜˇ奪ㄉㄨㄛˊ走ㄗㄡˇ的ㄉㄜ˙風ㄈㄥ險ㄒㄧㄢˇ。當ㄉㄤ雄ㄒㄩㄥˊ鳥ㄋㄧㄠˇ留ㄌㄧㄡˊ下ㄒㄧㄚˋ來ㄌㄞˊ孵ㄈㄨ化ㄏㄨㄚˋ和ㄏㄜˊ撫ㄈㄨˇ養ㄧㄤˇ寶ㄅㄠˇ寶ㄅㄠˇ的ㄉㄜ˙時ㄕˊ候ㄏㄡˋ，雌ㄘ鳥ㄋㄧㄠˇ通ㄊㄨㄥ常ㄔㄤˊ已ㄧˇ經ㄐㄧㄥ開ㄎㄞ始ㄕˇ尋ㄒㄩㄣˊ找ㄓㄠˇ新ㄒㄧㄣ的ㄉㄜ˙伴ㄅㄢˋ侶ㄌㄩˇ。

也ㄧㄝˇ許ㄒㄩˇ他ㄊㄚ們ㄇㄣ˙的ㄉㄜ˙
伴ㄅㄢˋ侶ㄌㄩˇ來ㄌㄞˊ來ㄌㄞˊ去ㄑㄩˋ去ㄑㄩˋ。

也許，你的家人收養了你。

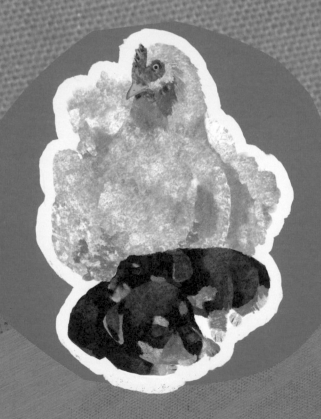

收養和寄養

許多動物會照顧不是親生的幼兒，即使是不同物種。動物擁有一種天生的本能去照顧幼兒並形成依戀和保護的關係。在動物世界中，不同物種之間可能變成朋友，朋友也可以變成家人。

也許你失去了父母，
或是從不認識他們。

蜻蜓

蜻蜓會在靠近水的地方產卵，之後就飛離。成蟲後的蜻蜓生命週期很短，當牠們的孩子在水下孵化並發育成若蟲時，生命就結束了。幾個月或幾年後，若蟲變成蜻蜓浮出水面，展開自己的翅膀飛翔。

你可能覺得溫暖的離不開……

或是覺得被拒之門外。

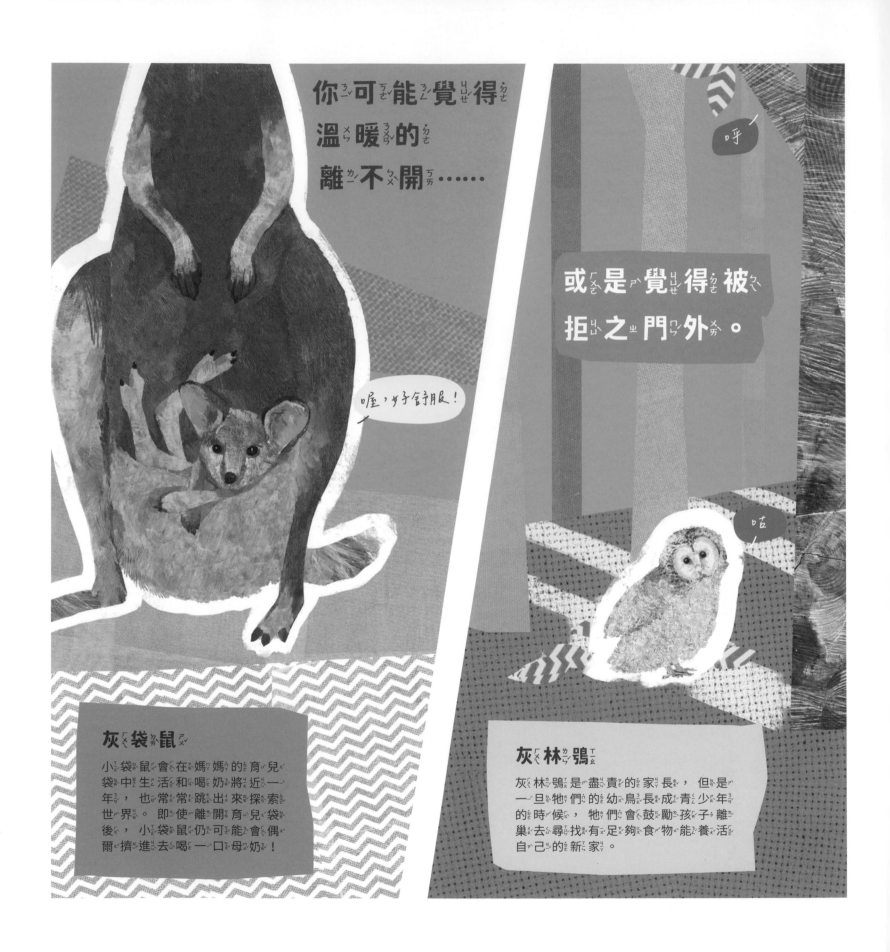

灰袋鼠

小袋鼠會在媽媽的育兒袋中生活和喝奶將近一年，也常常跳出來探索世界。即使離開育兒袋後，小袋鼠仍可能會偶爾擠進去喝一口母奶！

灰林鴞

灰林鴞是盡責的家長，但是一旦牠們的幼鳥長成青少年的時候，牠們會鼓勵孩子離巢去尋找有足夠食物能養活自己的新家。

環尾狐猴

環尾狐猴是觸覺社交型的動物。牠們生活在大型群體中，喜歡用牠們的身體和聲音溝通。近距離抱抱和互相清潔身體，能讓牠們關係更加緊密、感受能互相分享，抱抱也能幫牠們保持溫暖和健康。由於森林砍伐和狩獵的影響，狐猴是最瀕危的哺乳動物之一。

你的家庭可能喜歡抱抱，

或是常常吵架。

斑胸草雀

斑胸草雀父母會輪流孵蛋、看守幼鳥和尋找食物。但他們有時會使用「口頭談判」來爭辯他們共同承擔的養育工作。如果一方回來晚了，另一方可能會用更短促更快速的方式呼喊，好像在說：「你離開太久了！」

有可能是爸爸生你養你的嗎？

海馬

雄海馬的肚子上有一個育兒囊，雌海馬會將卵產在裡面。接著雄海馬會關閉育兒囊使卵受精並懷孕。三週後，海馬爸爸打開囊袋並擠出數百隻微小的海馬寶寶。

有可能你被包得緊緊的，連外面都看不到。

請給我客房服務！

犀鳥

犀鳥交配後，為了保護牠們的蛋和幼鳥免受掠食者的傷害，會密封牠們的巢穴，只留下一個小開口讓鳥爸爸餵食。蛋在巢洞內孵化後，幼鳥會一直待在裡面，直到牠們準備好掙脫並飛離巢穴。

你ㄋㄧˇ的ㄉㄜ˙媽ㄇㄚ媽ㄇㄚ˙可ㄎㄜˇ能ㄋㄥˊ
靜ㄐㄧㄥˋ靜ㄐㄧㄥˋ的ㄉㄜ˙待ㄉㄞ在ㄗㄞˋ原ㄩㄢˊ地ㄉㄧˋ，

北ㄅㄟˇ太ㄊㄞˋ平ㄆㄧㄥˊ洋ㄧㄤˊ巨ㄐㄩˋ型ㄒㄧㄥˊ章ㄓㄤ魚ㄩˊ

北ㄅㄟˇ太ㄊㄞˋ平ㄆㄧㄥˊ洋ㄧㄤˊ巨ㄐㄩˋ型ㄒㄧㄥˊ章ㄓㄤ魚ㄩˊ會ㄏㄨㄟˋ一ㄧˋ次ㄘˋ產ㄔㄢˇ下ㄒㄧㄚˋ大ㄉㄚˋ量ㄌㄧㄤˋ的ㄉㄜ˙卵ㄌㄨㄢˇ，然ㄖㄢˊ後ㄏㄡˋ小ㄒㄧㄠˇ心ㄒㄧㄣ照ㄓㄠˋ料ㄌㄧㄠˋ這ㄓㄜˋ些ㄒㄧㄝ卵ㄌㄨㄢˇ長ㄓㄤˇ達ㄉㄚˊ一ㄧˋ年ㄋㄧㄢˊ，讓ㄖㄤˋ牠ㄊㄚ們ㄇㄣ˙保ㄅㄠˇ持ㄔˊ清ㄑㄧㄥ潔ㄐㄧㄝˊ及ㄐㄧˊ充ㄔㄨㄥ足ㄗㄨˊ的ㄉㄜ˙氧ㄧㄤˇ氣ㄑㄧˋ。在ㄗㄞˋ這ㄓㄜˋ整ㄓㄥˇ段ㄉㄨㄢˋ時ㄕˊ間ㄐㄧㄢ裡ㄌㄧˇ，章ㄓㄤ魚ㄩˊ媽ㄇㄚ媽ㄇㄚ˙不ㄅㄨˋ會ㄏㄨㄟˋ離ㄌㄧˊ開ㄎㄞ巢ㄔㄠˊ穴ㄒㄩㄝˋ，也ㄧㄝˇ不ㄅㄨˋ會ㄏㄨㄟˋ進ㄐㄧㄣˋ食ㄕˊ，持ㄔˊ續ㄒㄩˋ躲ㄉㄨㄛˇ在ㄗㄞˋ陰ㄧㄣ影ㄧㄥˇ中ㄓㄨㄥ並ㄅㄧㄥˋ保ㄅㄠˇ持ㄔˊ沉ㄔㄣˊ默ㄇㄛˋ，謹ㄐㄧㄣˇ慎ㄕㄣˋ看ㄎㄢ守ㄕㄡˇ牠ㄊㄚ的ㄉㄜ˙卵ㄌㄨㄢˇ。

北ㄅㄟˇ極ㄐㄧˊ熊ㄒㄩㄥˊ

北ㄅㄟˇ極ㄐㄧˊ熊ㄒㄩㄥˊ媽ㄇㄚ媽ㄇㄚ會ㄏㄨㄟˋ在ㄗㄞˋ隱ㄧㄣˇ密ㄇㄧˋ的ㄉㄜ˙雪ㄒㄩㄝˇ洞ㄉㄨㄥˋ裡ㄌㄧˇ產ㄔㄢˇ下ㄒㄧㄚˋ小ㄒㄧㄠˇ熊ㄒㄩㄥˊ，然ㄖㄢˊ後ㄏㄡˋ在ㄗㄞˋ這ㄓㄜˋ裡ㄌㄧˇ小ㄒㄧㄠˇ心ㄒㄧㄣ翼ㄧˋ翼ㄧˋ的ㄉㄜ˙照ㄓㄠˋ顧ㄍㄨˋ牠ㄊㄚ們ㄇㄣ˙，直ㄓˊ到ㄉㄠˋ小ㄒㄧㄠˇ熊ㄒㄩㄥˊ強ㄑㄧㄤˊ壯ㄓㄨㄤˋ到ㄉㄠˋ可ㄎㄜˇ以ㄧˇ和ㄏㄜˊ牠ㄊㄚ一ㄧ起ㄑㄧˇ回ㄏㄨㄟˊ到ㄉㄠˋ海ㄏㄞˇ冰ㄅㄧㄥ上ㄕㄤˋ。只ㄓˇ有ㄧㄡˇ幾ㄐㄧˇ個ㄍㄜˋ月ㄩㄝˋ大ㄉㄚˋ的ㄉㄜ˙小ㄒㄧㄠˇ熊ㄒㄩㄥˊ必ㄅㄧˋ須ㄒㄩ跟ㄍㄣ著ㄓㄜ˙媽ㄇㄚ媽ㄇㄚ進ㄐㄧㄣˋ行ㄒㄧㄥˊ一ㄧ次ㄘˋ史ㄕˇ詩ㄕ級ㄐㄧˊ的ㄉㄜ˙旅ㄌㄩˇ程ㄔㄥˊ，每ㄇㄟˇ天ㄊㄧㄢ步ㄅㄨˋ行ㄒㄧㄥˊ和ㄏㄜˊ游ㄧㄡˊ泳ㄩㄥˇ數ㄕㄨˋ英ㄧㄥ哩ㄌㄧ，不ㄅㄨˋ斷ㄉㄨㄢˋ穿ㄔㄨㄢ越ㄩㄝˋ險ㄒㄧㄢˇ惡ㄜˋ的ㄉㄜ˙地ㄉㄧˋ形ㄒㄧㄥˊ，才ㄘㄞˊ能ㄋㄥˊ到ㄉㄠˋ達ㄉㄚˊ有ㄧㄡˇ足ㄗㄨˊ夠ㄍㄡˋ食ㄕˊ物ㄨˋ和ㄏㄜˊ庇ㄅㄧˋ護ㄏㄨˋ的ㄉㄜ˙地ㄉㄧˋ方ㄈㄤ。

或ㄏㄨㄛˋ是ㄕˋ來ㄌㄞˊ一ㄧ場ㄔㄤˇ
壯ㄓㄨㄤˋ麗ㄌㄧˋ的ㄉㄜ˙旅ㄌㄩˇ行ㄒㄧㄥˊ。

養ㄧㄤˇ育ㄩˋ兒ㄦˊ女ㄋㄩˇ的ㄉㄜ˙方ㄈㄤ式ㄕˋ
千ㄑㄧㄢ變ㄅㄧㄢˋ萬ㄨㄢˋ化ㄏㄨㄚˋ。

但是，無論你是如何開始的，
一旦你展開了翅膀，

你將會在廣闊而奇妙的世界中找到你歸屬的地方。

每個家庭都是獨一無二的

每個生物都以自己特殊的方式存在。 有些可能會令我們覺得很奇怪──有時不熟悉的東西看起來很可愛， 也可能很殘酷， 甚至令人毛骨悚然！ 但是所有生物們都經過無數次的演化才達到每個獨特物種間的平衡和生存。 可以肯定的是， 生物中沒有所謂的誰更「正常」， 尤其是談到育兒方面……

有些兄弟姊妹們常常爭吵

小白頭海鵰們經常在巢中互相打鬥， 爭奪食物和父母的關注。 有時會吵得很兇， 但海鵰父母很少干預。

有些子女需要自己的空間

如果把草莓箭毒蛙的蝌蚪們放在一起， 牠們會想把對方吃掉。 因此， 蛙媽媽會將每隻蝌蚪各自帶到分開的小水池中， 讓牠們可以在那裡獨自長大。 蛙媽媽每天都會去這些不同的小水池拜訪牠們， 並下一個蛋給牠們吃。

有些孩子需要額外的照顧

黑猩猩是溺愛型媽媽。 牠們哺育、 梳洗和教導孩子好幾年， 提供孩子們需要的所有照護。 在坦尚尼亞， 有一隻母黑猩猩的孩子遲遲無法吃固體食物， 在到了該斷奶的年齡還讓牠繼續喝奶。 這隻母猩猩也減少了自己到樹上採集食物的時間， 這樣牠就可以抱著還無力自己坐著或用腳抓握的孩子。

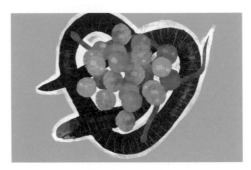

哺育的食物可能令人出乎意料

蚓螈是一種生活在熱帶雨林地下洞穴中的蠕蟲狀兩棲動物。 蚓螈媽媽不會哺乳或覓食， 而是讓寶寶舔自己身上的分泌物以及啃食自己富含油脂的皮膚來餵養牠們。 蚓螈媽媽會重新長出這層皮膚， 來讓牠的孩子吃飽。

家庭結構可以改變

杜鵑鳥會偷偷在其他鳥類的巢中下蛋。 為了避免被發現， 牠們會選擇蛋和自己的蛋看起來很相似的鳥類來當宿主， 比如籬雀或蘆葦鶯。 蛋孵化之後， 宿主父母就會努力餵食並成功養大小杜鵑鳥， 為小杜鵑鳥從歐洲到非洲過冬的第一次長途飛行做好準備工作。

我們都需要一些保護

成年蠍子會有堅硬的外殼， 但剛出生的小蠍子身上的殼還非常柔軟， 所以牠們很容易成為掠食者的零食。 為了保護孩子， 蠍子媽媽會將牠們安全的背在背上， 直到牠們自己的保護殼變硬為止。

生活可能存在威脅

獵豹媽媽獨自撫養小獵豹， 而且每隔三、 四天就會帶著孩子們搬到一個新窩。 這是為了防止掠食者透過氣味來追蹤小獵豹， 以保護牠們免受傷害。

外表可能會騙人

短吻鱷以凶猛著稱， 但牠們卻會給孩子們最溫柔的照顧。 當鱷魚寶寶即將孵化時， 會從蛋內發出「嗯、 嗯」的聲音， 鱷魚媽媽便會打開巢穴， 然後輕輕將牠的寶寶含在嘴裡帶到水中。 鱷魚媽媽會細心的保護寶寶長達一年之久， 每當牠們發出求救信號時， 不管在哪裡， 媽媽總會趕去保護他們。

生命從得到一點小幫助開始

即使海獺寶寶出生在冰冷的海洋中，但在剛出生的那幾個月牠們還不會游泳。牠們賴以為生的方法是小心的躺在媽媽的肚子上保持平衡，直到學會自己游泳。海獺的特殊皮毛中，有一層溫暖乾燥的空氣可以幫助牠們漂浮在水面。

有些父母單打獨鬥

雌性竹節蟲可以不用交配即可自行繁殖。這個過程被稱為「單性生殖」。如果雌竹節蟲單性生殖產下卵，卵只會孵出雌性的幼蟲；如果雌竹節蟲有和雄性交配的話，那麼幼蟲則有一半的機會是雄性。

有些父母不會停留太久

豎琴海豹媽媽一開始會專心餵養牠們剛出生的海豹寶寶，但十二天之後，牠們就回去大海再也不會回來，小海豹就被獨自留在冰上自生自滅。小海豹還需要六週時間才能學會游泳和自己覓食。到那個時候，牠們的體重將減少一半以上，只能希望牠們一開始已被充分餵食到足以存活。

有些父母很盡責

彈塗魚媽媽會在水下的沙子挖一個洞穴產卵，免於掠食者的侵擾。彈塗魚爸爸為了讓這個產卵室充滿氧氣，牠會在洞穴通道的入口處大口吸入空氣，接著回到產卵室釋放空氣，再向上游去取空氣。牠幾乎不會停下來休息，直到卵孵化。

有些習慣有一點臭臭的

五、六個月大的小無尾熊會開始吃媽媽的特殊便便！透過「吃軟便」的方法能幫助小無尾熊累積透過便便傳下來的腸道細菌，這樣一旦牠們斷奶，就能夠順利消化尤加利樹的葉子纖維。

與眾不同是很自然的

地球上沒有什麼動物能比得上鴨嘴獸 —— 一種有毒、會游泳、還會下蛋的哺乳動物。鴨嘴獸媽媽也以獨特的方式餵養寶寶。牠們雖然沒有乳頭，但是當小鴨嘴獸從蛋中孵化出來之後，牠們會從滲出母乳的毛髮中吸吮乳汁。每個寶寶都是奇蹟啊！

團結力量大

絨頂檉柳猴會集體合作育兒。領頭的雌猴通常會生下雙胞胎，由媽媽照顧一週後，接著群體中的每一隻猴子都將參與照顧，分擔媽媽的工作。另外，絨頂檉柳猴是一個極度瀕危的物種。

每個人都會心痛

大象似乎會藉著舉行類似葬禮的儀式，以及長年珍藏牠們的記憶，來哀悼死去的同伴。從乳牛和黑猩猩到海豚和長頸鹿，許多動物在失去牠們所關心的同伴時，都會表達痛苦或悲傷。

每個寶寶都是奇蹟

大貓熊媽媽一年只會產生一個卵子，這表示牠一年只有幾天的時間可以懷孕 —— 這是一個很微小的機會，這讓每一個貓熊寶寶的出生都顯得更加神奇。再加上牠們的棲地因為農耕和採竹的關係遭到破壞，這就是為什麼今天只有不到兩千隻大貓熊存活下來的原因。

不管你是誰，你也是一個奇蹟 —— 你是獨一無二的！隨著你的成長，你會發現自己是特別的存在，有著自己的生活方式。你還會發現你可以用你的方式影響世界，去幫助這些野生、奇妙的生物，在我們共享的這個星球上繼續生存。